农民技能提升培训系列教材
NONGMIN JINENG TISHENG PEIXUN XILIE JIAOCAI

甜瓜病虫害
发生与识别

编审委员会

主　任　叶军平
副主任　刘佩红　费　强
委　员　朱建华　叶正文　夏海云　沈富林　张根玉
　　　　丰东升　黄　辉　孙月星　陆　军　曹　云

编审人员

主　编　李朝平
副主编　刘苗会　胡晓颖
编　者　应　雄　凤飞荣　潘金志　陈时健
　　　　沈思文　赵进军　赵　康
主　审　渠　雯

中国劳动社会保障出版社

图书在版编目（CIP）数据

甜瓜病虫害发生与识别 / 上海市农业广播电视学校组织编写. -- 北京：中国劳动社会保障出版社，2023

农民技能提升培训系列教材

ISBN 978-7-5167-4922-7

Ⅰ. ①甜…　Ⅱ. ①上…　Ⅲ. ①甜瓜 - 病虫害防治 - 技术培训 - 教材　Ⅳ. ①S436.5

中国国家版本馆 CIP 数据核字（2023）第 043883 号

中国劳动社会保障出版社出版发行

（北京市惠新东街 1 号　邮政编码：100029）

*

北京宏伟双华印刷有限公司印刷装订　　新华书店经销

787 毫米 ×1092 毫米　16 开本　6.5 印张　102 千字

2023 年 4 月第 1 版　　2023 年 4 月第 1 次印刷

定价：25.00 元

营销中心电话：400-606-6496

出版社网址：http://www.class.com.cn

内容简介

本教材由上海市农业广播电视学校组织编写。教材从强化培养操作技能、掌握实用技术的角度出发，较好地体现了当前最新的实用知识与操作技术，对于提高从业人员基本素质、掌握甜瓜病虫害发生与识别核心知识与技能有直接的帮助和指导作用。

本教材在编写中根据甜瓜病虫害发生与识别工作特点，以能力培养为根本出发点，采用模块化的编写方式。全书共分为4章，内容包括甜瓜病虫害概述、甜瓜常见病害、甜瓜常见虫害、甜瓜绿色防控措施等。

本教材可作为甜瓜病虫害发生与识别的农民技能提升培训系列教材，也可供全国中高等职业技术院校相关专业师生参考使用，以及相关职业从业人员培训使用。

前　言

大力开展农民技能培训，提升广大农民技能素质，加快培养一批专业型、技能型、创新型劳动者和高技能人才，培育一支“爱农业、懂技术、善经营”的高素质农民队伍，将为实施乡村振兴战略、推进现代绿色农业发展提供人才支撑，促进农民收入持续增长。

为更好地满足农业产业发展需要，近年来，上海市农业农村委员会在种植、畜牧、水产、农机、农产品安全等领域，积极开展农业新业态、新技能培训项目开发，广泛开展农业从业人员实用技术培训，提高优质农产品生产水平和农业专业化服务能力，围绕家庭农场、农民专业合作社、农业龙头企业等新型农业经营主体，以农业高技能人才培养基地为平台，发挥农民技能培训辐射带动作用，形成了规模化农民技能培训的示范效应。

为配合农民技能提升培训工作的需要，上海市农业广播电视学校组织了农业领域的专家、技术人员共同编写了农民技能提升培训系列教材。本系列教材以产业发展为立足点，以生产技能和经营管理能力提升为主线，注重知识和技能的针对性和有效性，实用性强，适应农民技能培训和自身学习需要，是广大农民增收致富的好帮手。

本系列教材在编写过程中得到了上海市、区两级相关农业技术推广部门与农业院所有关专家的关心指导和大力支持，在此谨表示最诚挚的谢意。

由于水平有限，不当之处在所难免，恳请读者指正。

农民技能提升培训系列教材　编委会

目　录

第 1 章

甜瓜病虫害概述

1.1 甜瓜病害概述

甜瓜病害是指甜瓜在生长发育过程中遭受不良环境因素的影响或由于病原生物的侵染，使甜瓜正常的生理机能、新陈代谢受到干扰，植株的外部形态和内部组织结构出现异常。病害的发生致使甜瓜营养生长受阻、产品品质下降，直接影响经济效益。

1.1.1 甜瓜病害病原

甜瓜病害主要有侵染性病害和非侵染性病害两大病原。

1. 侵染性病害

甜瓜侵染性病害是由真菌、细菌、病毒、线虫等致病的病原生物侵染引起，如白粉病、猝倒病、灰霉病、枯萎病、蔓枯病、霜霉病、炭疽病等真菌性病害，角斑病、斑点病等细菌性病害，以及病毒性病害引起的病毒病。致病的病原生物所引起的病害是可以相互传染的，发病后可以传染到周边健康的甜瓜植株上，在环境条件适宜时引起成片发病。发病初期常有一个发病中心，然后逐渐蔓延扩大，故称为侵染性病害。

2. 非侵染性病害

由不适宜的物理、化学等非生物环境因素直接或间接引起的植物病害称为非侵染性病害。由于非侵染性病害不传染，因此也称非传染性病害。非生物因素（如环境污染、不良气候条件、营养元素失调等因素）引起的非侵染性病害，如药害、冻害、霜害、肥害等，发病的甜瓜植株不会将病害传染到健康的植株上，在环境条件得到改善后，植株可以恢复正常生长，因此非侵染性病害也称生理性病害。

在甜瓜生产中，侵染性病害和非侵染性病害发生后，可互相影响，使甜瓜病害加重。非侵染性病害影响甜瓜新陈代谢，降低甜瓜植株对病害的抗病能力，使甜瓜易受侵染性病害病原生物的侵染，加重甜瓜病害的为害。

1.1.2　甜瓜病害发生过程

侵染性病害从病原物接触甜瓜植株开始到引起病害发生，整个过程可分为接触期、侵入期、潜育期、发病期四个阶段（见表 1-1），发病过程具有相互联系并渐进发展的特性。

表 1-1　病害发生过程

阶段	说明
接触期	病原物与寄主甜瓜感病部位接触后，在适宜的环境条件，经过一定时间的适应活动后产生芽管、侵入丝等
侵入期	侵入期是从病原物开始侵入寄主到侵入寄主体内建立寄生关系的这一段时期。病原物直接穿过甜瓜植株表皮的角质层，或者通过甜瓜植株的自然孔口及伤口途径侵入，与甜瓜植株建立寄生关系
潜育期	潜育期是从病原物侵入甜瓜植株后建立寄生关系开始到出现明显症状为止的这一段时期。病原物侵入甜瓜植株寄主后从寄主体内获得营养物质，潜育期长短受环境条件（如温度、湿度）的影响较大
发病期	发病期是病原物侵染甜瓜植株经过一定的潜育期后，在甜瓜作物外表出现明显症状的时期，在环境条件适宜时可加快病害的发生与流行

1.1.3　侵染性病害传播途径

侵染性病害可通过空气、水流、土壤、昆虫、农事操作等多种途径传播，初次侵染还有种子带菌、带毒传播的病害。

1.1.4　病害流行条件

甜瓜病害流行一般需要满足以下条件：①栽培面积多、密度较大；②有致病性较强、菌源数量较大的病原物；③有利于病原物侵染、繁殖、传播的环境条件。

每种病害都有其最适发病环境，包括：①气候环境的温度、湿度、降雨、光、风等；②土壤环境的含水量、通气性、无机盐和有机物含量、土壤中生物群落等；③生物环境的昆虫、线虫、微生物等。

1.2 甜瓜虫害概述

1.2.1 甜瓜害虫分类

甜瓜害虫为害甜瓜植株，共同特点是取食甜瓜植株的组织器官，干扰和破坏甜瓜植株的正常生长，造成甜瓜品质下降、减产。蚜虫、烟粉虱等还可传播病毒或细菌性病害，造成间接为害。

1. 鳞翅目害虫

昆虫纲鳞翅目害虫完成一个世代包括卵、幼虫、蛹和成虫四个虫态。鳞翅目害虫以幼虫取食甜瓜植株，咬食根、茎、叶，蛀食花、果实，积累发育所需营养，主要有甜菜夜蛾、斜纹夜蛾、瓜绢螟、小地老虎等。

2. 同翅目害虫

昆虫纲同翅目害虫具刺吸式口器，个体较小，以卵、若虫、成虫三个虫态完成一个世代，年发生世代多，世代历期短，世代重叠现象严重，还会传播病毒病。同翅目害虫主要有瓜蚜、烟粉虱等。

3. 双翅目害虫

昆虫纲双翅目害虫完成一个世代要经历卵、幼虫、蛹和成虫四个虫态。双翅目害虫以幼虫潜入叶内取食叶肉组织，以成虫刺入叶片表皮刺吸汁液，主要有潜叶蝇等。

4. 螨类害虫

蛛形纲螨类害虫完成一个世代要经历卵、幼螨、若螨、成螨四个阶段。螨类害虫以幼螨、若螨和成螨群集在甜瓜植株叶片上刺吸汁液，主要有红蜘蛛等。

1.2.2　害虫生活习性

1. 世代

害虫从卵开始发育，经幼虫和蛹（或若虫）到成虫性成熟产生新一代卵，整个过程为一个世代。各种害虫完成一个世代所需要的时间有较大差异，如甜菜夜蛾完成一个世代需要 1 个月左右，而蚜虫完成一个世代最短，仅需要 5 ～ 7 天。

2. 习性

害虫的飞翔、取食、交配、产卵、越冬等活动都有其一定的行为规律，称为生活习性，简称习性。掌握甜瓜害虫的生活习性有利于制定防治措施，提高防治效果。例如，甜瓜夜蛾类害虫的幼虫昼伏夜出，傍晚开始取食活动，可以引导防治时间；害虫对某种光源的趋向反应称为趋光性，可利用趋光性用杀虫灯进行诱杀；害虫对某种化学物质的刺激所产生的反应行为称为趋化性，利用趋化性可制定相应物理防治措施进行诱杀。

1.2.3　害虫发生与环境关系

甜瓜害虫发生与生态环境有着密不可分的关系，如气候因素、土壤因素、天敌因素等。

1. 气候因素

气候因素主要有温度、湿度、降雨、光、风等，其中温度、湿度的影响最大。

甜瓜害虫活动的最适温度范围大多数在 18 ～ 28 ℃。甜瓜害虫为变温动物，温度过低时害虫发育进度缓慢，温度过高时害虫体能消耗过大，水分散失多，营养积累不足，易导致大量死亡。雨日偏少往往使甜瓜植株汁液浓厚、营养丰富，有利于害虫种群发生；多阴雨、暴雨天气不利于害虫活动，小型害虫还会受雨水冲刷而冲杀死亡。

2. 土壤因素

土壤因素如耕作层温度、含水量等，影响为害期在地下或部分生活史在土中的小地老虎、蛴螬、蝼蛄等害虫的生活和生存。

3. 天敌因素

甜瓜害虫的天敌包括：①能引起害虫致病的微生物细菌、真菌、病毒等；②捕食性昆虫食蚜蝇、草蛉、瓢虫、螳螂等；③寄生性昆虫绒茧蜂、赤眼蜂、姬蜂、金小蜂等；④青蛙、蟾蜍、蜘蛛、鸟类等动物。

第 2 章

甜瓜常见病害

2.1 甜瓜白粉病

2.1.1 发生与为害条件

1. 侵染过程

甜瓜白粉病的病原属于真菌门子囊菌亚门单丝壳属，是甜瓜生产中的重要病害，病菌以菌丝体和分生孢子随甜瓜病株残余组织遗留在田间越冬或越夏。

越冬或越夏病菌在环境条件适宜时，分生孢子通过气流传播或雨水反溅至甜瓜植株上，从甜瓜植株叶片表皮直接侵入，引起初次侵染，并在受害的部位产生新生代分生孢子，飞散传播进行多次再侵染，加重为害。

2. 传播方式

甜瓜白粉病的病菌喜温暖潮湿的环境，发病温度范围为 10 ～ 35 ℃，最适发病环境温度范围为 20 ～ 25 ℃、相对湿度范围为 45% ～ 95%，最适感病生育期为甜瓜成株期至采收期，发病潜育期为 5 ～ 8 天。病菌对湿度的适应范围极广，相对湿度 25% 以上即可萌发。

3. 发生与环境关系

上海地区甜瓜白粉病的主要发病盛期在 4 月中下旬至 11 月。早春温度偏高、叶部其他病害发生少、甜瓜采收中后期湿度过高的年份发病重。夏秋季取决于湿度和植株长势，条件适宜往往在短期内即可发生与流行。

连作地、附近有白粉病发病较重的菌源田，以及排水不良、作物生长势不佳的甜瓜田块发病较早、较重。栽培时种植过密、通风透光差、氮肥施用过多、保护地栽培等往往会使甜瓜白粉病发病较重。

2.1.2　为害症状

甜瓜白粉病主要为害叶片，甜瓜幼苗期和成株期均可染病。

甜瓜叶片染病从植株下部叶片开始发生，初始发病时叶面或叶背产生白色粉末状小圆斑，随后逐渐扩大为边缘不明显的不规则形白粉霉层厚密的粉层斑，如图 2–1 所示。白色粉末状物即为病菌的分生孢子梗和分生孢子，无色透明的是菌丝体。

图 2–1　甜瓜白粉病叶面

发病叶片的细胞和组织被侵染后并不会迅速死亡，受害部分叶片抹去粉层后一般只表现为褪绿或变黄。发病中后期，白色粉状霉层老熟呈灰色或灰褐色，上面有黑色的小粒点，即病菌的闭囊壳；发病末期，病叶组织变为黄褐色后枯死。甜瓜白粉病发病严重时，甜瓜叶片上多个粉斑可连接成片，甚至布满整张叶片，如图 2–2 所示。

图 2–2　甜瓜白粉病发病严重症状

2.1.3　防治措施

1. 农业防治

高畦种植、合理密植有利于甜瓜植株通风透光，如图 2–3 所示。同时，开好排水沟可以降低田间湿度，增强甜瓜植株生长势，提高甜瓜植株对甜瓜白粉病的抗病能力。保护地栽培甜瓜要适当控制浇水量，晴天尽量增加适当开棚通风换气时间，阴天也应适当短时间开棚换气降湿。

清理甜瓜棚内或田间的上茬植株和各种杂草后再定植，可以减少甜瓜白粉病的中间寄主。收获后应及时清除甜瓜病残体并带出田外，深翻土壤加速病残体的腐烂分解。及时摘除甜瓜下部病老叶有利于通风透光，同时可以减少田间菌源。

图 2-3　保持田间通风透光

2. 药剂防治

甜瓜白粉病以预防为主，在发病初期开始喷药，所选农药要注意轮换交替使用，以喷雾防治为主，喷雾要均匀周到。

2.2　甜瓜病毒病

2.2.1　发生与为害条件

1. 侵染过程

甜瓜病毒病是由病毒侵染引起的系统性病害，在田间主要表现为花叶型和坏死型症状，如图 2–4 所示。甜瓜病毒病主要通过蚜虫传播越冬的病毒，引起初次侵染，也可通过甜瓜种子带病毒进行传播蔓延。甜瓜病毒病田间发病后，通过蚜虫、烟粉虱、植株间汁液接触、田间农事操作等传播至甜瓜植株上，进行多次再侵染。

图 2–4　甜瓜病毒病的病株

2. 传播方式

病毒喜高温干旱的环境条件，发病温度范围为 15 ～ 35 ℃，最适发病环境温度范围为 20 ～ 27 ℃、相对湿度范围为 55% ～ 80%，发病潜育期为 10 ～ 25 天。甜瓜病毒病最适病症表现期为甜瓜成株期。

3. 发生与环境关系

上海地区甜瓜病毒病的主要发病盛期在 4—10 月。早春温度偏高、少雨，以及蚜虫、烟粉虱等传毒媒介多发的年份发病重。夏秋季偏旱、少雨的年份发病重。

田块间连作地、周边毒源作物丰富的甜瓜田块发病较早、较重，栽培管理上防治媒介害虫不及时、肥水不足、田间管理粗犷的田块发病重，病毒病为害程度还与种子带毒率和蚜虫等发生数量密切相关。

2.2.2　为害症状

1. 花叶型

甜瓜植株顶部叶片现褪绿斑点，新叶畸形、变小，叶片成熟后黄绿镶嵌花斑、皱缩，如图 2–5 所示。甜瓜植株发病严重时，茎节间缩短、植株矮小，甚至还会出现萎蔫。

图 2–5　甜瓜病毒病的病叶

2. 坏死型

植株萎缩，植株病叶变窄长，皱缩畸形。花器不发育，发病重时甜瓜结瓜少或不结瓜，易形成畸形果。甜瓜果实受害时，果实表面形成浓绿色与淡绿色相间的斑驳，并有不规则突起。

2.2.3 防治措施

1. 农业防治

从无病留种株上采收甜瓜种子或选用无病种子，用 55 ℃温水浸种 30 min 后立即移入冷水中冷却，晾干后催芽播种。

适时播种，合理肥水，培育甜瓜壮苗。清洁田园，清理田边杂草，如图 2-6 所示。发现病株及时拔除销毁，减少甜瓜病毒病的病毒来源。

图 2-6 保持田园清洁

2. 药剂防治

及时防治传毒媒介，在蚜虫、烟粉虱发生初期及时用药防治，防止传播甜瓜病毒病的病毒。在甜瓜田间发病前或始见少量发病株时就开始用药防治，减少病毒的感染，增强植株抗性，起预防作用。

2.3　甜瓜霜霉病

2.3.1　发生与为害条件

1. 侵染过程

甜瓜霜霉病的病原属于真菌门鞭毛菌亚门假霜霉属，是甜瓜最常见的病害，在适宜发病的环境条件下病害发展迅速，可使叶片大量干枯死亡。

病菌以孢子囊和菌丝体在土壤或甜瓜病株残余组织中越冬或越夏。越冬或越夏甜瓜霜霉病的病菌在环境条件适宜时，孢子囊借气流传播至甜瓜作物上，从甜瓜叶片表皮直接侵入，引起初次侵染。

在受害部位发病的病菌通过气流和雨水反溅传播，进行多次再侵染，加重为害。甜瓜叶面有水滴或水膜时，孢子易萌发和侵入。

2. 传播方式

甜瓜霜霉病的发生与流行必须具备适宜的温度和湿度两个必要条件。病菌喜温暖高湿的环境，发病温度范围为 10 ～ 30 ℃，最适发病环境温度范围为 15 ～ 22 ℃、相对湿度范围为 90% ～ 100%，最适感病生育期为甜瓜结瓜期。

春季雨多、雾大、结露多时甜瓜霜霉病可迅速蔓延流行，田间湿度高、温度较低、通风不良时甜瓜霜霉病易发生。

3. 发生与环境关系

高湿是甜瓜霜霉病发生的首要条件，一般在昼夜温差大、多雨、雾日多、结露多的年份病害易发生流行。

发病时在甜瓜植株下部贴近地面的叶片上先出现症状，形成中心病株后向四周扩大蔓延，如图 2–7 所示。保护地设施栽培甜瓜通风不良、湿度大，易发病，病叶自下而上蔓延。栽培时定植密度过高、氮肥施用过多、生长势弱的病害发生较重。

图 2–7　甜瓜霜霉病田间症状

2.3.2　为害症状

甜瓜霜霉病主要为害叶片，也为害茎和花序，苗期至成株期均可发病。

1. 叶片染病

甜瓜下部叶片先发病，再向上蔓延，病斑受叶脉限制。发病初期，甜瓜叶背产生水浸状斑点，如图 2–8 所示。清晨高湿棚或田块内植株表现明显，随着温度上升、湿度下降水浸状病斑消失。

病斑扩大后受叶脉限制呈多角形，叶背黄褐色，叶面病斑褪绿成淡黄色，边缘明显，多个病斑可汇合成小片，如图 2–9 所示。

图 2-8　甜瓜霜霉病叶背

图 2-9　甜瓜霜霉病叶面

叶片后期的病斑表面产生灰色霉层，扩散为害。潮湿环境下在病斑背面有黑色霉层，严重时病斑连片，即病菌从气孔伸出成丛的孢囊梗和孢子囊。甜瓜霜霉病发病严重时，全叶变为黄褐色，干枯、卷缩，病部不穿孔、不腐烂。

2. 茎和花序染病

甜瓜茎和花序上出现不规则形褐色病斑，受害部位有黑色霜霉层。

3. 苗期染病

苗期染病时，甜瓜子叶叶背产生不规则褪绿枯黄斑，潮湿时叶背病斑上产生灰黑色霉层，子叶变黄干枯。

2.3.3 防治措施

1. 农业防治

甜瓜选择地势较高、通风透光、排水良好的地块进行深沟高畦栽培，施足底肥、增施磷钾肥，生长前期适当控制浇水，提高植株抗病能力。雨前清理田间沟系防雨后积水，雨后补修沟系降低地下水位和棚内湿度，控制甜瓜霜霉病发病环境。摘除下部老叶、病叶，增强田间通风透光，清洁田园，减少再侵染菌源。

早春大棚栽培甜瓜控制好棚内湿度，防止病害的发生与流行。保护地栽培甜瓜的棚内适时通风换气，并及时开棚通风降湿，减少白天棚内雾气，创造有利于甜瓜植株生长而不利于病害发生的环境。在温室大棚内采用膜下铺设滴管的灌溉措施，可以减少地面积水、降低地面蒸发量、降低空气相对湿度，如图 2–10 所示。

2. 药剂防治

甜瓜霜霉病以预防为主，早春于清晨露水未干时在甜瓜植株下部叶片的叶背查见水浸状中心病株的发病初期就应开始喷药。所选农药要注意轮换交替使用，以喷雾防治为主。适时适量针对性用药，喷雾均匀周到，可以提高防治效果。

图 2-10　膜下铺设滴管的灌溉措施

2.4　甜瓜蔓枯病

2.4.1　发生与为害条件

1. 侵染过程

甜瓜蔓枯病的病原属于真菌门子囊菌亚门球腔菌属，是甜瓜常见病害，病菌以分生孢子器或子囊壳随甜瓜病株残余组织遗留在田间越冬，也能潜伏在甜瓜种皮上越冬。

越冬甜瓜蔓枯病的病菌在环境条件适宜时产生子囊孢子和分生孢子，通过雨水反溅至寄主甜瓜植株上，从寄主表皮气孔、水孔或伤口侵入引起初次侵染，并在受害部位产生新生代分生孢子，借风雨传播进行多次再侵染。

2. 传播方式

病菌适宜温暖潮湿的环境条件，甜瓜蔓枯病发病的温度范围为 5 ～ 35 ℃，最适发病环境温度范围为 22 ～ 25 ℃、相对湿度为 85% 以上，最适感病生育期为甜瓜结瓜初期。

3. 发生与环境关系

甜瓜蔓枯病主要发病盛期在 5—8 月，年度间入梅早、梅雨期长、雨量多、梅雨期间温度高的年份发病重。

高温多雨、田间湿度大、露重时甜瓜蔓枯病发病严重，甜瓜连作田以及排水不良、种植密度过高、通风透光不良、施肥不足、植株生长不健壮的田块发病较重。甜瓜蔓枯病田间症状如图 2-11 所示。

图 2-11　甜瓜蔓枯病田间症状

2.4.2　为害症状

甜瓜蔓枯病主要为害茎蔓、叶和果实，苗期和成株期均可为害。

1. 茎蔓染病

茎蔓染病发生于甜瓜植株节部或基部分枝处，初始时产生水浸状小斑，扩大后病斑环绕茎蔓，灰褐色稍凹陷，呈椭圆形或不规则形。

干燥时呈红褐色，缢缩纵裂，病部以上茎蔓枯萎，易折断，表面密生黑色小点，即病菌的分生孢子器，如图 2–12 所示。

图 2–12　甜瓜蔓枯病茎蔓症状

2. 叶片染病

甜瓜叶片初始发病时叶缘产生水浸状小点，病斑相互汇合产生圆形或不规则形病斑，边缘明显，病部中心为灰褐色病斑，病部产生黑色小点，如图 2–13 所示。

图 2-13 甜瓜蔓枯病叶片症状

3. 果实染病

发病初期在甜瓜幼果上产生水浸状小斑，扩大后病斑黑褐色，果肉淡褐色，表面产生黑色小点。

4. 苗期染病

发病初期在甜瓜子叶或分叉处产生水浸状小斑，随后变褐坏死并缢缩，产生黑色小点，如图 2-14 所示；或茎蔓被病斑环绕，导致幼苗死亡。

2.4.3 防治措施

1. 农业防治

农业防治是指进行甜瓜种子灭菌处理，具体方法是：选择符合相关规定的甜瓜包衣种子（见图 2-15），种子处理时用 3 倍于种子质量的 55 ℃温水浸种 40 min 后移入冷水中冷却，晾干后催芽播种。

图 2–14　甜瓜蔓枯病苗期子叶症状

图 2–15　甜瓜包衣种子

选择地势较高、通风良好的环境条件栽培甜瓜，注意合理施肥，使植株生长健壮，提高抗病能力。甜瓜与非瓜类作物实行2～3年以上轮作，可以减少甜瓜蔓枯病田间病源菌。

清洁田园，及时摘除田间甜瓜老叶、病叶、病果，有利于植株间通风透光。收获后清除甜瓜病残体，耕翻土壤可以加速病残体的腐烂分解。甜瓜生长期应加强田间管理，适时浇水、施肥，避免田间积水。

2. 药剂防治

甜瓜蔓枯病以预防为主，在发病初期开始喷药，所选农药要注意轮换交替使用，以喷雾防治为主。

2.5 甜瓜菌核病

2.5.1 发生与为害条件

1. 侵染过程

甜瓜菌核病由子囊菌亚门核盘菌属真菌侵染所致，是保护地栽培甜瓜的主要病害。病菌以菌核在土壤中、甜瓜病株残余组织内，以及混杂在种子中越冬或越夏。菌核一般可存活2年左右。在环境条件适宜时，甜瓜菌核病的病菌借气流传播蔓延，侵染甜瓜衰老叶片或未脱落的花瓣，穿过角质层直接侵入，引起初次侵染。

病菌侵入后破坏甜瓜的细胞和组织，扩散并破坏邻近未被病原物侵染的组织，通过病株、健株间的接触进行重复侵染。甜瓜菌核病的病叶与健叶、茎干接触，或者带病花瓣落在健叶上，病菌就可以扩散而使健全的茎叶发病。

2. 传播方式

病菌喜温暖潮湿的环境，甜瓜菌核病适合发病的温度范围为0～30 ℃，最适发病环境温度范围为18～22 ℃、相对湿度为90%以上，最适感病生育期为甜瓜开花结果期至采收中后期，发病潜育期为5～10天。湿度的高低直接影响甜瓜菌核病菌丝体的生长和子囊孢子的发育。

3. 发生与环境关系

上海地区甜瓜菌核病主要发病盛期在 3—6 月，年度间早春多雨或梅雨期间多雨的年份发病重，与有菌核病发生的作物接茬、排水不良的田块发病较早、较重。

栽培甜瓜时，连作地以及种植过密、通风透光差、偏施氮肥的田块发病重，受冻害、霜害和肥害的田块发病重。

2.5.2　为害症状

甜瓜菌核病主要为害茎蔓、叶片和果实。

1. 茎蔓染病

发病部位主要在甜瓜作物茎基部，发病初期产生水浸状斑，扩大后呈淡褐色，病茎软腐纵裂，病部以上茎蔓和叶凋萎枯死，如图 2-16 所示。

图 2-16　甜瓜菌核病的病茎

湿度高时，病部长出一层白色棉絮状菌丝体，受害后茎秆内髓部受破坏，发病末期腐烂而中空，剥开可见白色菌丝体和黑色菌核。菌核为鼠粪状，呈圆形或不规则形，早期白色，后期外部变为黑色、内部白色。

2. 叶片染病

叶片染病初出现水浸状斑，扩大后为灰褐色近圆形大斑，边缘不明显，病部软腐，并产生白色棉絮状菌丝，发病严重时产生黑色鼠粪状菌核，如图 2–17 所示。

图 2–17 甜瓜菌核病的病叶

3. 果实染病

甜瓜果实发病时，初期呈水浸状，扩大后呈湿腐状，果表长白色棉絮状菌丝和黑色粒状菌核，如图 2–18 所示。

图 2–18　甜瓜菌核病的病果

2.5.3　防治措施

1. 农业防治

甜瓜与水生蔬菜、禾本科及葱蒜类蔬菜隔年轮作。

及时摘除老叶、病叶和留在甜瓜果实上的残花，如图 2–19 所示。发现甜瓜菌核病的病株时，要及时拔除或剪去病枝、病果并带出棚外。收获后清除病残体，深翻土壤防止菌核萌发出土。

合理密植，控制甜瓜中管棚和连栋大棚保护地栽培棚内温湿度，及时通风排湿，防止夜间棚内湿度迅速升高。

2. 药剂防治

在发病初期开始喷药，重病田视病情发展，必要时增加喷药次数。

图 2-19 摘除病叶、老叶、残花，减少田间菌源

2.6 甜瓜炭疽病

2.6.1 发生与为害条件

1. 侵染过程

甜瓜炭疽病由真菌门半知菌亚门葫芦科刺盘孢菌侵染所致，病菌以菌丝体和拟菌核随病株残余组织遗留在田间越冬，也可附在种子表面越冬。在环境条件适宜时，病菌产生分生孢子，通过雨水反溅、农事操作或气流传播至甜瓜植株上，从寄主表皮直接侵入，引起初次侵染。

病菌先侵染甜瓜植株下部叶片，逐渐向上部叶片发展，经潜育后出现病斑，遇雨水受害部位的分生孢子盘产生新生代分生孢子，随风雨传播引起多次再侵染。带病种子发芽后直接侵入子叶，引起甜瓜幼苗发病。

2. 传播方式

甜瓜炭疽病的发生与流行必须具备温度和湿度两个条件。病菌喜温暖高湿的环境，发病温度范围为 10 ～ 30 ℃，最适发病环境温度范围为 22 ～ 27 ℃、相对湿度为 95% 以上，发病潜育期为 5 ～ 7 天。

甜瓜炭疽病的主要发病盛期在 5—11 月。甜瓜炭疽病的发生和湿度关系较大，在适宜温度下，相对湿度越高发病越重。因此，早春多雨、梅雨期间闷热多雨或夏天闷热多雨的年份发病重。

3. 发生与环境关系

田块间连作地以及排水不良、地下水位高的田块发病较早、较重。甜瓜种植密度过高、通风透光差、大水大肥浇施、排水不良、氮肥施用过多、植株生长不健壮的田块发病重。重病地或雨后采摘的瓜，至储运期可继续发病蔓延。

2.6.2　为害症状

甜瓜炭疽病主要为害叶片、茎蔓、叶柄和果实，苗期和成株期均可发病。

1. 苗期染病

甜瓜在苗期染病时，苗期子叶边缘产生淡褐色稍凹陷病斑，呈半圆形或椭圆形，外围常有黑褐色晕圈，如图 2–20 所示。病害发展到茎基部呈黑褐色且缢缩致折倒枯死。

2. 叶片染病

叶片染病时，初期产生圆形至纺锤形或不规则形水渍状斑，淡褐色，边缘红褐色，如图 2–21 所示。发病严重时甜瓜炭疽病的病斑连接成片，病部长出小黑点。干燥时叶片干枯，病斑易破裂穿孔，潮湿时叶面生出粉红色黏稠物。

图 2-20　甜瓜炭疽病苗期症状

图 2-21　甜瓜炭疽病的病叶

3. 茎蔓和叶柄染病

甜瓜茎蔓和叶柄染病时，初期产生黄褐色长条形病斑，稍凹陷，随后变黑褐色，病斑环绕茎蔓和叶柄，可造成叶片或植株病部以上枯死，如图 2-22 所示。高温高湿时，表面生出粉红色黏稠物。

图 2-22　甜瓜炭疽病的病茎

4. 果实染病

甜瓜果实染病初期产生水浸状凹陷，扩大后为黄褐色椭圆形病斑，病部长出小黑点，后期开裂。湿度大时病部表面生出粉红色黏稠物。

2.6.3　防治措施

1. 农业防治

进行种子灭菌处理，即用 3 倍于甜瓜种子质量的 55 ℃温水浸种 40 min（见图 2-23），随后移入冷水中冷却，晾干后催芽播种。

图 2-23　温水浸种

甜瓜与非葫芦科作物进行 3 年以上轮作栽培，可以减少甜瓜炭疽病田间病菌来源。发病初期及时摘除病叶、老叶，收获后及时清除病残体并带出田外深埋，深翻土壤，保持瓜园清洁，可以减少再侵染菌源。

深沟高畦、合理密植、清理沟系，防止雨后积水和降低地下水位，控制发病环境。改善田间通风透光条件，促进甜瓜植株健壮生长，提高植株抗病能力。保护地甜瓜棚内科学施肥，浇水施肥要小水、少肥、勤浇，增加开棚通风降湿。

2. **药剂防治**

甜瓜炭疽病以预防为主，在发病初期开始适时适量针对性用药，喷雾均匀周到，可以提高防治效果。

2.7　甜瓜猝倒病

2.7.1　发生与为害条件

甜瓜在育苗过程中常发生猝倒病，如图 2–24 所示。秧苗茎基部或根茎部染病后缢缩，叶片仍保持青绿色，故称猝倒病。

图 2–24　甜瓜猝倒病

1. 侵染过程

甜瓜猝倒病是由瓜果腐霉菌侵染所致，苗床的温度、湿度是影响发病的主要因素。病菌以卵孢子在表土层越冬，并在土中长期存活。

2. 传播方式

在环境条件适宜时，卵孢子萌发产生孢子囊，以游动孢子或直接长出芽管侵入甜瓜瓜苗引起初次侵染。病菌在病苗上产出孢子囊及游动孢子，借灌溉水或雨水溅射传播蔓延，进行再侵染，加重甜瓜猝倒病为害。

3. 发生与环境关系

病菌生长的适宜地温为 10 ～ 15 ℃，上海地区 2 月常遇寒流、阴雨侵袭，气温下降，通风条件差的甜瓜苗床内由于湿度高，幼苗徒长，植株抗病能力下降，极易发病，造成大批死苗，如图 2–25 所示。

图 2–25　甜瓜猝倒病田间病状

种子、床土带菌多，甜瓜秧苗易受侵染，发病率也高。甜瓜在不同生育期的抗病能力不同，一般子叶期的抗病能力最弱。保温性差、通风条件不好的苗床，苗床温差变化幅度过大，易发病。苗床水分过多而土温不易升高，或阳光不足而床内温度过低，都容易引起发病导致死苗。

2.7.2　为害症状

甜瓜猝倒病主要为害甜瓜未出土或刚出土不久的幼苗，病菌主要侵染幼苗的茎部。幼苗受害后，茎基部或根茎部出现黄色水渍状病斑，随着病情的发展变为黄褐色，病部绕茎一周后缢缩成线状，往往子叶未变色凋萎，幼苗即突然折倒贴伏地面。

甜瓜猝倒病在苗床内蔓延迅速，开始时只见个别病苗，几天后便出现成片猝倒。苗床湿度大时，病部表面及附近土表可长出一层白色棉絮状菌丝体；苗床干燥时，水腐的茎部干枯、缢缩成线状。发病严重时造成烂种、烂芽，使幼苗不能出土。

2.7.3　防治措施

1. 农业防治

甜瓜忌瓜茬和连作栽培，通过水旱轮作或嫁接可有效减轻甜瓜猝倒病土传病害的为害。选择避风向阳的高平地作为苗床，并开深沟，有利于排水和降低地下水位。

选无病土做营养土，营养土中的有机肥要充分腐熟，营养钵或育苗盘浇水要待水充分渗下后才能播种。旧苗床必须换新土，以减少菌源。

基肥用充分腐熟的有机肥，出苗后严格控制温湿度及光照，合理控制苗床的温湿度，中午、晴天等温度高时要及时炼苗，培育甜瓜壮苗。保护地栽培棚内忌闷棚高湿起雾，如图 2–26 所示。闷棚导致的棚内高湿起雾易诱发甜瓜猝倒病流行。

2. 药剂防治

采取“预防为主、综合防治”的措施，在甜瓜猝倒病发病初期开始喷药，所选农药要注意轮换交替使用，以喷雾防治为主。

图 2-26　易引发病害的棚内高湿

2.8　甜瓜细菌性角斑病

2.8.1　发生与为害条件

1. 侵染过程

甜瓜细菌性角斑病由细菌丁香假单胞菌致病变种侵染所致，病原菌以带菌甜瓜种子越冬，或随甜瓜病株残余组织遗留在田间越冬，并成为翌年初侵染源。

2. 传播方式

雨水反溅是植物病原细菌最主要的传播途径。田间甜瓜病株残余组织内的病菌传播至寄主植物下部叶和果实上，从寄主自然孔口和伤口侵入，引起初次侵染，并在受害的部位产生菌脓，借雨水或保护地棚顶膜往下滴水传播，进行多次再侵染。

播种带菌种子，种子发芽后直接侵入子叶产生病斑，引起幼苗发病。

3. 发生与环境关系

甜瓜细菌性角斑病的病菌喜温暖潮湿的环境，发病温度范围为 4 ～ 40 ℃，最适发病环境温度范围为 20 ～ 30 ℃、相对湿度为 95% 以上，最适感病生育期为甜瓜开花坐果期到采收中后期，发病潜育期为 3 ～ 7 天。

病斑大小与空气湿度有关。夜间饱和湿度时间大于 6 h，甜瓜细菌性角斑病在甜瓜叶片上就会产生典型大病斑；夜间湿度低于 85%，或饱和湿度时间小于 3 h，则产生小病斑。

上海地区甜瓜细菌性角斑病发病盛期在 4—10 月。年度间早春多雨或梅雨期间多雨的年份发病重。秋季温度偏高、多雨、多雾的年份发病重。田块间连作地、排水不良的田块发病较早、较重。甜瓜栽培时种植过密、通风透光差、肥水施用过多的田块发病重。中管棚和连栋大棚保护地栽培低温高湿、关棚时间过长有利于病害的发生。

2.8.2　为害症状

甜瓜细菌性角斑病主要为害叶片和果实。

1. 叶片染病

叶片染病时，先侵染甜瓜植株下部老熟叶片，随后逐渐向上部叶片发展，发病初期产生水渍状小斑点，如图 2-27 所示。

病斑扩大后受叶脉限制呈多角形，黄白色至黄褐色。空气湿度高时，甜瓜叶背病部产生乳白色混浊菌脓，这是细菌性病害特有的症状，如图 2-28 所示。

图 2-27　甜瓜细菌性角斑病初期症状

图 2-28　甜瓜细菌性角斑病叶背症状

空气干燥时，菌脓脱水形成白痕，叶片病部质脆，破裂造成穿孔，如图 2–29 所示。

图 2–29　甜瓜细菌性角斑病叶片穿孔状

2. 果实染病

甜瓜果实染病时，果皮初现水渍状小斑，扩大后病斑呈淡褐色，凹陷。发生严重时，病斑连接成片呈不规则形，病部产生大量乳白色混浊菌脓。发病严重时可侵染果肉组织，使果肉变色，并侵染种皮，使种子带菌。

2.8.3　防治措施

1. 农业防治

从无病留种株上采收甜瓜种子或选用无病种子。甜瓜与非葫芦科作物实行隔年轮作，以减少田间病菌来源。在病害盛发期及时摘除病叶、老叶，以利于田间通风透光。收获后修整田园，清除病残体，并带出田外深埋或烧毁，深翻土壤加速病残体腐烂分解，减少再侵染菌源。

抓好清理沟系，防止雨后积水，降低地下水位和棚内湿度，控制发病环境。甜瓜保护地栽培时加强肥水管理，适时通风换气。肥水管理采取轻浇、勤浇，并及时开棚通风降湿。

2. 药剂防治

在甜瓜细菌性角斑病发病初期开始喷药，安全用药间隔期为 7 ～ 10 天，连续喷药 3 ～ 4 次。重病田视病情发展，必要时增加喷药次数。注意药剂的交替使用。

2.9 甜瓜疫病

2.9.1 发生与为害条件

1. 侵染过程

甜瓜疫病由鞭毛菌亚门真菌甜瓜疫霉菌侵染所致，病菌以菌丝体和卵孢子随病株残余组织遗留在田间越冬。

2. 传播方式

在适宜条件下，菌丝和卵孢子产生孢子囊和游动孢子，借灌溉水、雨水传播。

3. 发生与环境关系

病菌喜高温、高湿的环境，发病温度范围为 11 ～ 37 ℃，最适发病环境温度范围为 25 ～ 32 ℃、相对湿度为 85% 以上，最适感病生育期为甜瓜开花期至坐果盛期。

上海地区甜瓜疫病的主要发病盛期在春夏季 5—8 月。年度间早春多雨或梅雨期间多雨的年份发病重。田块间连作地以及地势低洼、排水不良的田块发病较早、较重。甜瓜结果初期大雨后暴晴最易发病。栽培时施用带有病残物的未腐熟有机肥、种植过密、通风透光差，受过冻害、霜害，肥水管理不当、浇水过多使田间高湿的田块发病重。

2.9.2　为害症状

甜瓜疫病主要为害叶片、茎和果实，苗期和成株期均可染病。

1. 叶片染病

发病初期叶片上产生水渍状暗绿色斑，扩大后为圆形或不规则形水渍状大病斑，边缘不明显，如图 2–30 所示。潮湿时病斑呈水浸状腐烂；干燥时病斑呈黄褐色，叶脆易破裂。

图 2–30　甜瓜疫病的病叶

2. 茎秆染病

发病初期茎基部呈水浸状暗绿色，扩大后缢缩软腐，呈暗褐色。发病严重时甜瓜植株全株萎蔫枯死，但病株维管束不变色。

3. 果实染病

甜瓜果实病部软腐呈凹陷状，潮湿时病部表面长出白色霉状物。

4. 苗期染病

发病初期在甜瓜幼苗生长点及嫩茎部产生水浸状暗绿色斑，病情发展后幼苗很快萎蔫枯死，但不倒伏，如图 2–31 所示。

图 2–31　甜瓜疫病苗期症状

2.9.3 防治措施

1. 农业防治

实行水旱轮作，或与不同科的作物进行 3 年以上轮作。雨季来临前，温室、中管棚四周清理好沟系，防止雨后积水，降低地下水位和棚室内湿度，控制发病环境。

高畦地膜栽培（见图 2–32），清沟排水，降低田间水位。增施磷钾肥，适当控制氮肥。收获完毕后及时清除田间残留物。

图 2-32　高畦地膜栽培

2. 药剂防治

发病初期开始用药，在出现甜瓜疫病中心病株的发病初期开始浇根，间隔期为 7 ～ 10 天，连续防治 2 ～ 3 次。重病田视病情发展，必要时增加用药次数。

2.10　甜瓜枯萎病

2.10.1　发生与为害条件

1. 侵染过程

甜瓜枯萎病的病原属于真菌门半知菌亚门镰孢属，甜瓜全生育期均可发病，以甜瓜植株伸蔓期至开花坐果期发病最为严重。病菌以菌丝、厚垣孢子或菌核随甜瓜病株残余组织遗留在田间和未腐熟的有机肥中越冬，也能附着在甜瓜种子和棚架上越冬，成为翌年初侵染源。

2. 传播方式

病菌主要借雨水、灌溉水、昆虫等传播，棚架、农具、地下害虫等也可传播甜瓜枯萎病。在环境条件适宜时，厚垣孢子从甜瓜根部伤口、自然裂口或根冠侵入，也可从茎基部的裂口侵入，向上蔓延导致甜瓜植株萎蔫枯死。

3. 发生与环境关系

甜瓜枯萎病的病菌喜温暖潮湿的环境，发病温度范围为 4 ～ 34 ℃，最适发病环境温度范围为 24 ～ 28 ℃、土壤含水量范围为 20% ～ 40%。

上海地区主要发病盛期在春季 4—6 月。早春多雨或梅雨期间多雨的年份甜瓜枯萎病发病重。田块间连作地以及连作重茬、地势低洼、排水不良、雨后积水的田块发病较早、较重。阴雨天多、降雨量大或连续阴雨后转暴晴，会使病害症状表现快而重。管理粗放、磷钾肥施用不足、施用未充分腐熟的带菌有机肥等都有利于病害发生。

2.10.2 为害症状

甜瓜枯萎病主要为害根茎部，苗期和成株期均可发病。

1. 苗期染病

发病后甜瓜幼苗基部变褐、缢缩，生长点呈失水状，如图 2–33 所示。随后子叶发黄，萎垂干枯，幼苗全株猝倒状枯死。

2. 根茎部染病

甜瓜根茎部染病发生于植株茎蔓基部，下部叶片先发黄，随后逐渐向上发展。初始发病时呈水浸状，随后茎蔓基部软化缢缩，病部粗糙纵裂，表面常有琥珀色脓胶状物溢出，如图 2–34 所示。潮湿时，茎部呈水浸状腐烂，表面出现白色至粉红色霉状物。病茎纵切面上的维管束变褐色，病部组织受病菌为害，阻碍了植株正常水分供应，引起萎蔫。

图 2-33　甜瓜枯萎病苗期症状

图 2-34　甜瓜枯萎病根茎部染病

甜瓜枯萎病的病害发生过程是初始病株茎蔓上的叶片自基部向上逐渐萎蔫，似缺水状，中午萎蔫下垂，早晚又恢复正常，叶色变淡，反复数天后植株萎蔫不再恢复，最后全株枯死。

2.10.3 防治措施

1. 农业防治

甜瓜与水稻或水生蔬菜轮作 5 年以上，可以降低土壤中病菌数量，有效减轻甜瓜枯萎病等土传病害的发生。水旱轮作是甜瓜土传病害防治最有效的防控措施。甜瓜也可通过嫁接换根（见图 2–35）控制土传病害（如甜瓜枯萎病等）的发生，克服连作障碍，提高植株抗逆性。

图 2–35　嫁接换根

选地势较高、排水良好田块高畦地膜栽培，施用充分腐熟的有机肥，控制氮肥施用量，增施磷钾肥及微量元素，雨后及时开沟排水，可以增强甜瓜植株抗性。

甜瓜结瓜期控制氮肥的用量，以防引起蔓叶徒长诱发甜瓜枯萎病。早春甜瓜大棚内，为防止病害的发生与流行，要控制好棚内湿度。保护地栽培时控制浇水，晴天适时开棚通风换气降湿，午间闷棚升温，制造不利病菌生长的条件，抑制病害发展，防止病害流行。

2. 药剂防治

药剂防治以预防为主，甜瓜枯萎病发病初期就开始喷药，所选农药要注意轮换交替使用，以喷雾防治为主。适时适量针对性用药，喷雾均匀周到，可以提高防治效果。针对申报“绿色食品”“有机食品”认定的甜瓜，应选用相应认定机构推荐名录中的农药。

2.11　甜瓜灰霉病

2.11.1　发生与为害条件

1. 侵染过程

甜瓜灰霉病的病原属于真菌门半知菌亚门葡萄孢属，病菌以菌丝体或菌核随甜瓜病株残余组织遗留在田间越冬，是甜瓜保护地栽培的主要病害，能造成死苗、烂瓜。

2. 传播方式

翌年春后，在环境条件适宜时菌丝体产生分生孢子，分生孢子借气流、雨水反溅、农事操作、甜瓜植株病健部接触等，传播蔓延至甜瓜幼苗、花瓣和幼果上，从伤口、薄壁组织侵入引起初次侵染，在病部产生霉层，并产生大量新生代分生孢子进行多次再侵染，加重为害。

3. 发生与环境关系

病菌喜温暖潮湿的环境，发病温度范围为 2 ～ 31 ℃，最适发病环境温度范围为 18 ～ 25 ℃、相对湿度为持续 90% 以上，最适感病生育期为甜瓜开花结果期。

上海地区甜瓜灰霉病的主要发病盛期在春季 3—6 月，早春多雨、光照不足、低温高湿或梅雨期间多雨的年份发病重。低温、高湿、多雨或长期连续阴雨、日照不足易发病。阴雨天或清晨露水未干时整枝、虫伤多，病菌易从伤口侵入导致发病。

田间甜瓜种植密度过大、通风透光不好发病重，氮肥施用过多、生长过嫩易发病，田块间连作地以及地势低洼、排水不良、土壤潮湿的田块发病较重。

2.11.2　为害症状

甜瓜灰霉病主要为害茎、叶片、花和果实，苗期至成株期均可染病。

1. 茎染病

甜瓜茎节部发病，病部表面呈灰白色，密生灰霉，发病重时病斑环绕节部，使发病部位以上的叶片和茎呈萎蔫状。

2. 叶片染病

叶片染病主要是由落下的病花、病叶引起的，如图 2-36 所示。

图 2-36　甜瓜灰霉病落花引发病害

叶片形成灰褐色圆形或不规则形大病斑，病部表面呈灰白色，具同心轮纹，密生灰色霉层，病健部分界明显，干燥时病部易破裂穿孔，如图 2–37 所示。

图 2–37　甜瓜灰霉病的病叶

3. 花和果实染病

甜瓜结瓜期花染病初为水浸状腐烂，从残留的雌花花瓣开始发病，密生灰褐色霉层，随后花瓣枯萎脱落，随着染病花瓣的病情发展，病菌从花蒂部向幼果侵入，从蒂部开始呈水浸状病斑，病斑后期软化，表面密生灰色霉层，病瓜呈黄褐色，易腐烂或脱落，如图 2–38 所示。

4. 苗期染病

苗期染病初为叶、茎上产生水浸状褪绿斑，随后病斑扩大，产生灰色霉层，使甜瓜幼苗枯死。

图 2–38　甜瓜灰霉病的病果

2.11.3　防治措施

1. 农业防治

甜瓜幼苗期加强苗床管理，控制苗床湿度，小水勤浇，在寒流侵袭之前注意保温。疏通棚四周的沟系，防止雨后积水和降低地下水位，如图 2–39 所示。棚内适时通风换气，晴天尽量增加开棚通风换气时间，阴天也应适当短时间开棚换气，降低土壤和空气湿度。

田间发现病花、病瓜、病叶、病茎等应及时摘除，收获后应及时清除遗留在地面上的病残体，集中深埋处理，并深翻土壤，减少越冬甜瓜灰霉病的病原。甜瓜与水生蔬菜或禾本科作物轮作 2 ～ 3 年可以减少田间病菌来源。

为防止病害的发生与流行，早春甜瓜大棚内要控制好湿度，浇水施肥要小水、少肥、勤浇，可采用水肥一体化设备（见图 2–40）与技术，将灌溉与施肥融为一体，控制棚内湿度，防止大水大肥引发病害。

图 2-39　疏通棚四周沟系

图 2-40　水肥一体化设备

2. 药剂防治

在甜瓜灰霉病发病初期就开始用药，所选农药要注意轮换交替使用，药剂应选用相应认定机构推荐名录中的农药，适时、适量、针对性用药。

第 3 章

甜瓜常见虫害

3.1 瓜绢螟

瓜绢螟属于鳞翅目螟蛾科，除为害甜瓜外，还为害西瓜、黄瓜、苦瓜、丝瓜等瓜类作物。

3.1.1 发生与为害

1. 生活史

瓜绢螟在上海地区年发生约5代，世代重叠，常年越冬代成虫始见期为5月中下旬至6月中旬，第5代成虫始见期为11月中旬至越冬。在保护地栽培条件下瓜绢螟可周年发生，冬季发生代往往不为害作物。

2. 习性

（1）幼虫。初孵幼虫有分散或群集习性，寄生在叶背取食叶肉，使叶片出现灰白色的斑块，3龄后幼虫可吐丝卷叶为害，遇惊即吐丝下垂，转移他处为害。老熟后可在被害的卷叶内作茧化蛹或在根际表土中作茧化蛹。

瓜绢螟以幼虫为害叶片，取食叶片后使叶片穿孔或缺刻（见图3-1），直至吃光叶片仅存叶脉。幼虫还会为害瓜果，取食瓜的表皮使瓜表面出现花斑或将整个瓜的表皮吃掉使瓜表面呈麻皮状，随后钻入瓜内取食皮下瓜肉，使瓜腐烂变质，严重影响甜瓜产量和质量。

（2）成虫。瓜绢螟成虫趋光性弱，在夜间活动，白天潜伏于隐蔽场所或叶丛中。卵散产或多粒产于叶背，每头雌蛾平均产卵量300多粒。

3. 发生因素

适宜瓜绢螟生长发育的温度范围为18～36 ℃，最适生长发育环境温度范围为23～28 ℃、相对湿度范围为85%～100%。8—10月为害虫的盛发期，各虫态历期如下：卵历期2～4天，幼虫历期6～10天，蛹历期6～10天。

图 3–1　瓜绢螟叶片为害症状

瓜田边近水沟的杂草密生中始见成虫后 20 ～ 25 天为田间幼虫发生始盛的防治适期。成虫始见期在 6 月中旬前，需防止早发、重发。6 月的梅雨季节多雨，有利于瓜绢螟早发。

3.1.2　形态特征

1. 幼虫

幼虫共 5 龄，明显特征是亚背线呈两条较宽的乳白色纵带，如图 3–2 所示。老熟幼虫体长 23 ～ 26 mm，头部前胸背板呈淡褐色，胸腹部草绿色，气门黑色。

2. 成虫

成虫头、胸部呈黑色，体长约 11 mm，翅展约 25 mm，前后翅白色半透明状，略带紫光，如图 3–3 所示。

3. 蛹

蛹长约 14 mm，呈深褐色，外被薄茧。

图 3-2　瓜绢螟幼虫

图 3-3　瓜绢螟成虫

4. 卵

卵扁平椭圆形，呈淡黄色，表面有网状纹。

3.1.3　防治措施

1. 农业防治

在作物采收完毕后，及时清理残株落叶，同时把留存的虫、蛹随之带出田外，减少田间虫口密度或越冬基数。

2. 物理防治

大棚设施栽培可采用防虫网或大棚膜加防虫网的配套使用技术，用于隔断虫源，拒瓜绢螟成虫于棚外，如图 3–4 所示。

图 3–4　大棚膜加防虫网隔断虫源

3. **药剂防治**

在瓜绢螟低龄幼虫高峰期开始用药防治，以喷雾防治为主，适时适量用药防治。针对申报“绿色食品”“有机食品”认定的产品，应选用相应认定机构和当地农业技术主管部门推荐名录中的农药。

4. **防治技巧**

高龄幼虫食量大，抗药性也偏大。对瓜绢螟的最佳防治适期应在 2、3 龄幼虫高峰期。

3.2 甜菜夜蛾

甜菜夜蛾属于鳞翅目夜蛾科，是一种间隙发生的暴食性害虫，寄生范围广，幼虫抗药性强，防治难度大，是夏秋甜瓜的重要害虫。甜菜夜蛾除为害甜瓜外，还为害十字花科的甘蓝、花椰菜、白菜、萝卜，以及黄瓜、西瓜、番茄、辣椒、茄子、豇豆等瓜果蔬菜，是多食性类害虫。

3.2.1 发生与为害

1. **生活史**

甜菜夜蛾在上海地区年发生 5 ～ 6 代，世代重叠现象严重，常年越冬代成虫始见期为 6 月中旬，终见期为 11 月中旬。

2. **习性**

（1）幼虫。刚孵化的甜菜夜蛾幼虫在卵块附近叶片上昼夜取食叶肉，取食后留下叶片的表皮，将叶片吃成不规则的透明白斑，如图 3–5 所示。2、3 龄起，幼虫开始逐渐四处爬散或吐丝下坠分散转移为害，可将叶片吃成小孔状。1 ～ 3 龄的低龄幼虫取食量约占整个幼虫期的 17%。

4 龄后的高龄幼虫食量骤增，4 龄幼虫的取食量约占整个幼虫期的 20%，生活习性也改变成昼伏夜出，白天在作物周围的阴暗处或土缝里潜伏，傍晚开始爬出取食。

图 3-5　甜菜夜蛾低龄为害症状

5 龄的甜菜夜蛾取食量约占整个幼虫期的 63%。虫口密度大时可将叶片吃光，也可钻入果实和菜球取食。幼虫在虫口密度过高又缺食料的条件下，有自相残杀现象。幼虫老熟后，入土 1 ～ 3 cm，作土室化蛹。

甜菜夜蛾以幼虫取食叶片，严重时可吃光叶片，4 龄以上幼虫还可钻食甜瓜、甜椒、西瓜、番茄果实和甘蓝、大白菜等菜球，造成落果、烂果、烂菜等。

（2）成虫。成虫白天隐蔽，夜间活动，黄昏至整个上半夜是甜菜夜蛾成虫活动、取食、产卵的高峰期，寿命为 5 ～ 12 天。成虫对黑光灯有趋光性，对频振式灯也有较强趋性。

（3）卵。卵成块产于甜瓜植株下部老熟叶片的反面，呈单层排列，卵块上覆盖白色鳞毛，平均每头雌蛾可产卵 4 ～ 5 块，共 200 ～ 600 粒。

3. **发生因素**

适宜甜菜夜蛾生长发育的温度范围为 15 ～ 42 ℃，最适生长发育环境温度范围为 25 ～ 35 ℃、相对湿度范围为 80% ～ 95%。成虫始见期在 6 月中旬前，需防止早发、重发。长江中下游地区的梅雨季节多雨，有利于甜菜夜蛾重发。

3.2.2 形态特征

1. **幼虫**

甜菜夜蛾幼虫共 5 龄，明显特征是气门下有一条黄白色体线，各节气门后方有一个白色斑纹，如图 3-6 所示。甜菜夜蛾幼虫体长 20 ～ 24 mm，体色因取食作物不同而多变。

图 3-6 甜菜夜蛾幼虫

2. 成虫

成虫体长 10 ～ 14 mm，翅展 25 ～ 34 mm，呈灰褐色。前翅中央近前缘外方有肾状纹 1 个，内方有环形纹 1 个，环形状、肾状纹粉黄色，如图 3–7 所示。后翅呈白色，翅脉及端线呈黑色。

图 3–7　甜菜夜蛾成虫

3. 蛹

蛹长约 10 mm，有 1 对臀刺，在臀刺的基部有 2 根刚毛。

4. 卵

卵呈馒头状、块产，以产于叶背为主，表面有白色鳞片状的覆盖物。

3.2.3 防治措施

1. 农业防治

结合农事操作，人工摘除部分甜菜夜蛾卵块及低龄幼虫聚集较多的叶片。在换茬时及时机械深耕、翻耕灭蛹，减少田间虫源，如图 3–8 所示。

图 3–8 机械翻耕灭蛹

2. 物理防治

利用甜菜夜蛾成虫对光的趋性，使用杀虫灯进行诱杀。利用甜菜夜蛾成虫对性的趋性，使用性诱剂诱捕器诱杀成虫。大棚设施栽培采用大棚膜加防虫网的配套使用技术，构建人工隔离屏障，将甜菜夜蛾成虫拒于网外，从而达到防虫保作物的效果。

3. 药剂防治

甜菜夜蛾抗药性强，但 1 ～ 3 龄低龄幼虫期较 4 ～ 5 龄高龄幼虫期抗药性水平明显低下。因此，在幼虫盛孵至 1 ～ 3 龄低龄幼虫高峰期，也就是甜菜夜蛾抗药性水平较 4 ～ 5 龄高龄幼虫期明显低下的低龄幼虫期用药防治，增强杀虫效果，延缓抗药性的产生。所选农药要注意轮换交替使用，以喷雾防治为主。适时适量针对性用药，喷雾均匀周到，可以提高防治效果。

4. 防治技巧

甜菜夜蛾高龄幼虫昼伏夜出，白天潜伏在植株根基或表土层内，晴天傍晚 6 点以后逐步向植株上部迁移；甜菜夜蛾低龄幼虫白天在叶背休息，傍晚开始活动。针对这种习性，可在傍晚 6 点以后甜菜夜蛾在叶片取食时施药，兼顾低龄和高龄幼虫，这是提高防治效果的关键技术措施。药液直接喷到甜菜夜蛾幼虫虫体上起触杀作用，药液喷到作物上即被食用起胃毒作用，触杀、胃毒并进，可以增强毒杀效果。

3.3　斜纹夜蛾

斜纹夜蛾属于鳞翅目夜蛾科，寄生范围极广，主要寄主农作物有瓜类、豆类、叶菜类、茄果类等，是一种杂食性、间歇性发生的暴食性害虫，是我国农业生产上的主要害虫种类之一。

3.3.1　发生与为害

1. 生活史

斜纹夜蛾上海地区年发生 5 ～ 6 代，世代重叠严重，常年越冬代成虫始见期为 5 月中旬至 6 月中旬，终见期为 12 月上旬。

2. 习性

（1）幼虫。斜纹夜蛾幼虫食害叶片，严重时可吃光叶片。4龄以上幼虫还会钻食甜瓜、甘蓝、大白菜、茄子等多种作物的花和果实，造成落花、落果、烂果、烂菜等。

初孵幼虫取食叶肉，留下叶片的表皮。2、3龄幼虫开始逐渐四处爬散或吐丝下坠分散转移取食。4龄后幼虫食量骤增，有假死性及自相残杀现象，生活习性改变为昼伏夜出，白天在植株周围的阴暗处或土缝里潜伏，傍晚开始出来取食，可钻入果实和菜球内取食。虫口密度大时，斜纹夜蛾可将植株吃光。斜纹夜蛾大发生时，幼虫有成群迁移的习性。幼虫老熟后，入土1～3 cm，作土室化蛹。

（2）成虫。成虫夜间活动，对黑光灯有趋光性，对频振式灯也有较强趋性，对糖、醋、酒等有趋化性。斜纹夜蛾白天躲藏在植株茂密的叶丛中，黄昏时飞回开花植物，寿命为5～15天。

（3）卵。卵多产于老熟叶片的叶背，卵块上覆盖棕黄色绒毛，呈多层排列。

3. 发生因素

适宜斜纹夜蛾生长发育的温度范围为20～40 ℃，最适生长发育环境温度范围为28～32 ℃、相对湿度范围为75%～95%。在28～30 ℃下卵历期3～4天、幼虫历期15～20天、蛹历期6～9天。

田间幼虫的发生高峰期在8月下旬至10月上旬，成虫始见期在6月中旬前，必须防止早发、重发。长江中下游地区的梅雨季节多雨，有利于斜纹夜蛾重发。

3.3.2 形态特征

1. 幼虫

幼虫共6龄，体色多变，体长35～47 mm，从中胸到第九腹节上有近似三角形的黑斑各1对，其中第一、七、八腹节上的黑斑最为明显，如图3-9所示。

2. 成虫

成虫体长14～20 mm，翅展30～40 mm，呈深褐色。前翅灰褐色，从前缘基部斜向后方臀角有一条白色宽斜纹带，其间有两条纵纹，如图3-10所示。

图 3-9　斜纹夜蛾幼虫

图 3-10　斜纹夜蛾成虫

3. 蛹

蛹长 15 ~ 20 mm，腹部背面第 4 ~ 7 节近前缘处有小刻点，长 1 对臀刺。

4. 卵

卵呈馒头状、块产，表面覆盖棕黄色的疏松绒毛。

3.3.3 防治措施

1. 农业防治

清除杂草，结合田间作业摘除斜纹夜蛾卵块及幼虫扩散为害前的被害甜瓜叶片。

2. 物理防治

利用斜纹夜蛾成虫对光的趋性，采用杀虫灯进行诱杀。利用斜纹夜蛾成虫对性的趋性，使用性诱剂诱捕器诱杀成虫。利用斜纹夜蛾成虫的趋化性，制作糖醋液等进行诱杀。

大棚设施栽培采用大棚膜加防虫网的配套使用技术，构建人工隔离屏障，将害虫拒于网外，从而收到防虫保作物的效果，如图 3-11 所示。

图 3-11　大棚膜加防虫网隔断虫源

3. 药剂防治

在斜纹夜蛾 2 龄幼虫分散前，傍晚喷药能提高防治效果。在低龄幼虫高峰期开始用药防治，以喷雾防治为主，适时适量针对性用药，喷雾均匀周到，可以提高防治效果。申报“绿色食品”“有机食品”认定的产品要选用许可的药剂。

4. 防治技巧

斜纹夜蛾幼虫昼伏夜出、3 龄起可分散为害，依据以上生活习性掌握在 3 龄幼虫分散前、傍晚 6 时以后施药，兼治斜纹夜蛾低龄和高龄幼虫以提高防治效果。药液直接喷到虫体上使触杀、胃毒并进，增强毒杀效果。

在喷药防治时，兼治田边杂草上的斜纹夜蛾，以最有效的压基数防治控制虫口密度。

3.4　烟　粉　虱

烟粉虱属于同翅目粉虱科，寄生范围广泛，可为害葫芦科、豆科、茄科、十字花科等农作物。成虫和若虫均可为害，可导致植株衰退、叶片枯黄脱落。

3.4.1　发生与为害

1. 生活史

烟粉虱在上海地区年发生 10 ～ 12 代，多以伪蛹在保护地作物上越冬，早春伪蛹在保护地作物上羽化为成虫生长、繁殖、为害，成虫外迁扩散繁殖为害。

2. 习性

烟粉虱以成虫和若虫群集甜瓜植株叶背吸食植物汁液，如图 3–12 所示。被害叶片褪绿、变黄、萎蔫，甚至全株枯死。烟粉虱还可传播植物病毒病，成虫、若虫分泌的蜜露可污染叶片和果实。

图 3-12 烟粉虱成虫和若虫叶背群集为害症状

（1）若虫。若虫 3 龄，孵化后的初龄若虫可在叶背做短距离移动，也有的迁居到其他叶片上寻找合适的寄生点，进入 2 龄后便开始定居生活，直至成虫。

（2）成虫。成虫对黄颜色敏感，有较强的趋性，并具趋嫩性，总是随着植株生长不断追逐顶部嫩叶的叶背产卵。

（3）卵。卵散产，每头雌虫可产卵 200 多粒，卵柄从气孔插入叶片组织中，与寄主作物保持水分平衡，不易脱落。

3. 发生因素

适宜烟粉虱生长发育的温度范围为 15 ～ 35 ℃，最适生长发育环境温度范围为 22 ～ 30 ℃、相对湿度为 70% 以下。成虫寿命、发育历期、产卵量等与温度有密切关系，当温度超过 35 ℃时成虫活动能力显著下降。烟粉虱的主要为害期为晚春至初夏、初秋至晚秋 2 个时节，暴风雨能抑制烟粉虱的大发生。

3.4.2　形态特征

1. 若虫

若虫共 3 龄，呈淡绿色或黄色。初孵若虫有触角和足，能迁移爬行。若虫 2 龄后，触角及足退化，固定在植株上取食，如图 3–13 所示。

图 3–13　烟粉虱若虫

2. 成虫

成虫呈淡黄白色，体长 0.8 ～ 1.0 mm，翅白色较尖细似香蕉状、无斑点、披蜡粉，前翅脉一条无分叉，静止时左右翅合拢呈屋脊状，如图 3–14 所示。

3. 蛹

3 龄脱皮后形成蛹，呈椭圆形，长 0.5 ～ 0.8 mm，有时边缘凹入，呈不对称状，如图 3–15 所示。

图 3-14　烟粉虱成虫

图 3-15　烟粉虱蛹

4. 卵

卵呈长梨形，有小柄，大多散产，直立于叶片背面。卵初产时呈淡黄绿色，孵化前颜色加深，呈深褐色。

3.4.3　防治措施

1. 农业防治

在生产过程中，结合农事操作，摘除甜瓜下部衰老叶片。换茬时清除田间杂草和甜瓜植株残枝落叶，以减少虫源。甜瓜与非瓜类作物实行 3 年以上轮作，也可实行水旱轮作，以降低种群发生量。

2. 物理防治

利用烟粉虱较强的趋黄性，在甜瓜田间插或挂黄板进行诱杀。用防虫网覆盖栽培，或用大棚膜加防虫网栽培，阻隔烟粉虱入侵为害。

3. 药剂防治

在烟粉虱发生初期开始用药防治，以喷雾和熏烟防治为主，适时适量针对性用药。选用申报许可的药剂，并选取不同类型、不同作用机理的农药轮换交替使用。

喷雾防治烟粉虱时以喷施甜瓜叶片背部为主，兼顾叶面，喷雾均匀周到。根据防治浓度要求用足水量，可以提高防治效果。不随意提高浓度，以免产生抗药性或使抗药性增强。夏秋季病虫害发生高峰期，应交替使用化学防治，避免或延缓抗药性的产生。

3.5　潜　叶　蝇

潜叶蝇属于双翅目潜蝇科，在上海地区为害的主要是美洲斑潜蝇，寄生范围广，除为害甜瓜外，还为害黄瓜、冬瓜、丝瓜、西瓜、刀豆、豇豆、扁豆、番茄、茄子等瓜果蔬菜。美洲斑潜蝇具舐吸式口器，以幼虫、成虫为害植物叶片，幼虫往往钻入叶片组织中潜食叶肉组织，使叶片呈现不规则白色条斑，造成叶片逐渐枯黄，为害严重时被害植株叶黄脱落。

3.5.1 发生与为害

1. 生活史

美洲斑潜蝇上海地区年发生 9 ～ 11 代，保护地内可周年发生，世代重叠现象严重。

2. 习性

露地以蛹越冬，3 月下旬至 4 月上中旬越冬蛹羽化，年内以春、秋二季多发，主要为害期在 5 月至 7 月上旬、8 月中旬至 11 月下旬，终见期为 12 月上旬。

（1）幼虫。卵孵化后，幼虫即潜叶为害植物叶片，造成蛇形不规则的白色虫道，影响光合作用，受害严重时被害叶片可脱落。幼虫老熟后爬出潜叶虫道，在叶片上或土缝中化蛹。

（2）成虫。成虫活泼，飞翔距离短，对黄色光有较强的趋性。在植株间的活动区域以中下部为多，主要在白天活动，以上午最盛，晚上在甜瓜植株的叶背栖息。成虫以产卵器刺伤叶片，取食汁液。

美洲斑潜蝇成虫寿命为 7 ～ 15 天，雌成虫在飞翔中用产卵器刺伤叶片，将卵散产于其中，每头雌虫产卵量在 200 ～ 600 粒，繁殖率极强。卵孵化后的幼虫即潜叶为害植物叶片，经过 3 个龄期的发育，幼虫老熟后爬出潜叶虫道在叶片上或土缝中化蛹。

3. 发生因素

适宜美洲斑潜蝇生长发育的温度范围为 15 ～ 35 ℃，最适生长发育环境温度范围为 20 ～ 30 ℃、相对湿度范围为 80% ～ 85%。

入梅早、雨量多、早秋季多雷阵雨、多台风的年份美洲斑潜蝇发生轻，雨量少有利于重发，雨量多可抑制发生。

3.5.2 形态特征

潜叶蝇成虫、幼虫均可为害甜瓜植株。

1. 幼虫

幼虫共 3 龄，蛆状，长约 3 mm，初孵无色，渐变成淡橙黄色，后期变成橙黄色，如图 3–16 所示。

图 3–16　潜叶蝇幼虫

2. 成虫

潜叶蝇属于小型蝇类，成虫体长 1.3 ～ 2.3 mm，翅展 1.3 ～ 1.7 mm，呈淡灰黑色，胸背板亮黑色，体腹面黄色，雌虫比雄虫稍大。

3. 蛹

蛹呈椭圆形，长 1.7 ～ 2.3 mm，橙黄色，如图 3–17 所示。

图 3-17　潜叶蝇蛹与虫道

4. 卵

卵呈米色，半透明，散产于甜瓜叶片上，长 0.1 ～ 0.3 mm。

3.5.3　防治措施

1. 农业防治

甜瓜生长期摘除下部虫道较多且丧失功能的老叶，甜瓜收获完毕后清洁田园，及时清除田间植株残体和杂草。

2. 物理防治

利用美洲斑潜蝇的趋黄性，采用黄板诱虫，在甜瓜田间插或挂黄板进行诱杀，必须定期更换黄板。甜瓜大棚设施栽培采用大棚膜加防虫网的配套使用技术，构建人工隔离屏障。

3. 生物防治

保护利用天敌，早春尽量少用药，使田间天敌姬小蜂、潜叶蜂等种群密度增加，取食潜叶蝇，达到以虫治虫的目的。

4. 药剂防治

防治潜叶蝇所选农药要注意轮换交替使用，以喷雾防治为主。适时适量针对性用药，喷雾均匀周到，可以提高防治效果。

5. 防治技巧

在晴天上午 9 时至午后 2 时潜叶蝇成虫活动盛期针对植株中下部用药，可提高防治效果。

3.6 瓜　蚜

瓜蚜属于同翅目蚜科，是主要蚜虫类害虫之一，除为害甜瓜外，还为害西瓜、黄瓜、南瓜、西葫芦等葫芦科作物，以及茄科、豆科、菊科等作物。

3.6.1　发生与为害

1. 生活史

瓜蚜在上海地区年发生 20 ～ 30 代，营两性生殖或孤雌生殖，以卵在越冬寄主上越冬，也可在保护地大棚瓜类上继续为害和无性繁殖。

2. 习性

早春卵孵化后先在越冬寄主上行孤雌胎生，繁殖 2 ～ 3 代后产生有翅胎生雌蚜，约于 4 月中下旬开始迁飞到瓜地或其他寄主上不断繁殖，扩散为害。10 月下旬至 11 月又产生有翅蚜迁回越冬寄主上，并产两性蚜交尾产卵，在越冬寄主的枝条缝隙和芽部越冬。

瓜蚜对黄色有较强的趋性，对银灰色有忌避习性，且具较强的迁飞和扩散能力。当寄主衰老、营养条件恶化时，大量有翅蚜迁飞转移到新寄主上。每头雌蚜寿命可长达 10 多天，平均胎生若蚜 60 ～ 70 头。

3. 发生因素

适宜瓜蚜生长发育的温度范围为 10 ～ 30 ℃，最适生长发育环境温度范围为 16 ～ 22 ℃、相对湿度范围为 40% ～ 65%。在 15 ℃左右若虫历期 12 ～ 14 天。在适宜的温湿度条件下，瓜蚜每 5 ～ 6 天就可完成一代，每头雌蚜一生能繁殖 50 余头若蚜，繁殖速度快。

高温或高湿均抑制瓜蚜发育和繁殖，当 5 日平均气温达 25 ℃以上、平均相对湿度达 75% 以上时，瓜蚜的种群数量明显下降。瓜蚜的主要为害期在春末夏初，秋季一般轻于春季，干旱年份一般发生重。瓜蚜为害症状如图 3-18 所示。雨水可冲刷瓜蚜，降低露地田间虫口密度。

图 3-18　瓜蚜为害症状

3.6.2　形态特征

瓜蚜对瓜类的主要为害是成蚜及若蚜群集在叶背、嫩叶、花蕾和嫩尖上刺吸汁液，如

图 3–19 所示。甜瓜瓜苗嫩叶及生长点被害后，叶片卷缩，瓜苗萎蔫，甚至整株枯死。老叶受害则提前脱落，缩短结瓜期，造成减产。此外，瓜蚜还能传播病毒病。

图 3–19　瓜蚜群集在叶背

1. 若蚜

若蚜共 4 龄，老熟若蚜体长约 1.6 mm，体色有黄色、黄绿色、蓝灰色等，复眼红色。有翅若蚜形同无翅若蚜，在第 3 龄后可见翅芽 2 对，向两侧后方伸展。

2. 有翅蚜

有翅蚜也称有翅胎生雌蚜，体长 1.2 ～ 1.9 mm，体色有黄色、浅绿色或深绿色，前胸背板黑色，腹部两侧有 3 对或 4 对黑斑，腹部背面有间断的黑色横带 2 ～ 3 条，翅透明。

3. 无翅蚜

无翅蚜也称无翅胎生雌蚜，体长 1.5 ～ 1.9 mm，体色有黄色、青色、深绿色、暗绿色等，体背有斑纹，全身被蜡粉，复眼暗红色，腹管长圆筒形、具瓦状纹，尾片青色同有翅蚜。

4. 卵

卵呈椭圆形，长 0.5 ～ 0.7 mm，初产橙黄色，随后变漆黑色，有光泽，卵产在越冬寄主的叶芽附近。

3.6.3 防治措施

1. 农业防治

清洁田园，早春铲除甜瓜田间杂草并带出棚外，减少田间蚜虫基数。

2. 物理防治

利用瓜蚜的趋黄性，采用黄板诱虫，在田间插或挂黄板诱杀有翅蚜，并定期更换黄板。利用瓜蚜对银灰色的驱避性，在甜瓜苗床四周覆盖银灰色薄膜，或在瓜田周围悬挂银灰色塑料膜，如图 3–20 所示。夏秋季大棚栽培采用白黑双色地膜或银灰色地膜来降低地温以及避虫害，大棚设施栽培采用大棚膜加裙边防虫网的配套使用技术，构建人工隔离屏障。

图 3–20　悬挂银灰色薄膜驱瓜蚜

3. 生物防治

利用瓜蚜的天敌，甜瓜保护地可在瓜蚜发生初期释放蚜茧蜂，进行以虫治虫的生物防治。

4. 药剂防治

在甜瓜田间瓜蚜点片发生阶段重视早期防治，适时适量用药防治。农药应交替轮换使用，避免或延缓瓜蚜抗药性的产生。

3.7 红　蜘　蛛

红蜘蛛属于蛛形纲前气门目叶螨科，为害葫芦科、茄科、豆科等农作物，是保护地栽培甜瓜等农作物的重要害螨。

3.7.1 发生与为害

1. 生活史

红蜘蛛在上海地区年发生 20 多代，以两性生殖为主，雌螨也能孤雌生殖，世代重叠现象严重。

2. 习性

红蜘蛛以卵在向阳背风温暖处的枯枝、杂草根际、土块缝隙、树皮缝隙及根际土隙内越冬。常年在保护地内 3 月中旬、露地 4 月下旬至 5 月中旬时田间可见到红蜘蛛点片为害症状，之后随着高温、干旱天气的到来，繁殖速率提高；7 月中旬至 8 月中下旬是盛发期，发生严重时可造成大片作物受灾；10 月中下旬逐渐转入越冬阶段。

红蜘蛛羽化为成虫后，在适宜的条件下，每头雌虫平均产卵量为 50 ～ 100 粒，卵多产于叶片背面。红蜘蛛卵孵化后，幼虫、若虫先在卵附近寄生，中后期开始向上蔓延转移。

虫口密度高时，红蜘蛛可扩散为害，扩散方式有爬行扩散、吐丝结成虫球借风力扩散等，在田间表现为先点片发生。

3. 发生因素

适宜红蜘蛛生长发育的温度范围为 10 ～ 37 ℃，最适生长发育环境温度范围为 24 ～ 30 ℃、相对湿度范围为 35% ～ 55%。发育起点温度为 8 ℃左右，当温度在 30 ℃以上、相对湿度超过 70% 时不利于种群繁殖。

红蜘蛛喜干旱，高温、低湿有利于种群繁殖，梅雨季节雨量少的天气条件有助于初夏发生与为害，夏季持续高温闷热有利于夏季大发生。

3.7.2 形态特征

红蜘蛛喜欢在植株下部的老叶寄生，成螨、幼螨在甜瓜叶背的叶脉附近吸取汁液。叶片受害后，形成枯黄色的细斑，严重时全叶褪绿变黄、干枯脱落，影响甜瓜植株的光合作用，如图 3–21 所示。

图 3–21　红蜘蛛田间为害症状

1. 幼螨

红蜘蛛幼螨呈卵圆形，体黄色，长约 0.15 mm，有 3 对足。

2. 若螨

若螨呈梨圆形，有 4 对足，体侧有明显的块状色素。

3. 成螨

成螨呈梨圆形，体色变异很大，一般为红色或锈红色，如图 3–22 所示。雌成螨有 4 对足，呈深红色，体长 0.42 ～ 0.51 mm，雄成螨体宽较雌成螨明显窄小。

图 3–22　红蜘蛛成螨

4. 卵

卵呈圆球形，光滑，直径约 0.13 mm，初产时无色透明，渐变为淡黄至深黄色，孵化前呈微红色，越冬卵呈红色。

3.7.3 防治措施

1. 农业防治

清除甜瓜田间及周围杂草和枯枝落叶，减少田间红蜘蛛基数。利用播前空闲时间进行深耕灌水灭虫。

2. 药剂防治

以喷雾防治为主，重点喷雾甜瓜植株中下部叶片背面，喷药均匀周到，按浓度要求用足水量。

3. 防治技巧

对早发生红蜘蛛虫情的甜瓜田块抓早期挑治，压低早期虫口密度。入梅前压基数防治，避免梅雨季节因难以把控防治节奏而使虫口量上升过大，掌握防治主动权。

第 4 章

甜瓜绿色防控措施

病虫害为害严重制约着甜瓜生产的高效、安全和可持续发展。上海农业技术推广部门根据上海甜瓜生产中病虫害的发生特点，制定了以农业防治、物理防治为主，农药防治为辅的绿色防控措施。

绿色防控措施主要包括轮作换茬、土壤消毒、种子消毒、嫁接换根、预警防控、空间阻断、诱杀趋避、精准选药、科学施药、安全用药等技术应用，以及抗病品种应用、科学留蔓等措施。甜瓜病虫害绿色防控措施是在绿色食品的允许范围内，在甜瓜目标产量效益范围内而制定的。绿色防控措施是通过优化集成生物、生态、物理等技术并限量使用有毒农药，达到安全控制有害生物的行为过程，是综合防治的新体现。通过绿色防控措施减少有毒农药的使用次数和使用量，可以提升甜瓜质量，保护生态环境。

4.1 防控技术

4.1.1 农业防治技术

1. 轮作换茬技术

水旱轮作是甜瓜土传病害防治最有效的防控措施。与水稻或水生蔬菜轮作 5 年以上，可以降低土壤中病菌数量，减轻甜瓜枯萎病、甜瓜蔓枯病等土传病害的发生。

2. 土壤消毒技术

夏季通过棚室通风、整地起垄、覆盖薄膜（见图 4–1）后封闭，直接利用强光照快速提升棚内温度，闷棚半个月之后开棚、揭膜通风，再灌水、覆膜闷棚半个月以上，灌水以水面高出土表为宜。

灌水闷棚期间应保持土表水层，达到降低土壤中病菌数量，减轻土传病害甜瓜枯萎病、甜瓜蔓枯病等的发生。

图 4–1　覆膜闷棚

3. 种子消毒技术

对于种子传播的病害，播种前需要进行种子消毒处理。用 3 倍于种子质量的 55 ℃温水浸种 40 min 后，将种子移入冷水中冷却，晾干后催芽播种，可以达到种子灭菌消毒的目的。

4. 嫁接换根技术

通过种植抗病甜瓜嫁接苗措施，降低甜瓜枯萎病的发生，如用南瓜砧木嫁接的甜瓜用于长季节栽培，用葫芦砧木嫁接的甜瓜用于春季大棚栽培，如图 4–2 所示。

5. 预警防控技术

在甜瓜病害易发生的生长阶段，根据天气预报及大棚设施内温湿度条件判断是否符合病害发生条件来进行预警防控。具备水帘通风降温系统的连栋大棚，利用设施栽培调控温度方便的优势，回避发病适宜温度，达到生态调节、温控治病的目标，如图 4–3 所示。

图 4-2　甜瓜嫁接苗

图 4-3　连栋大棚水帘通风降温系统

4.1.2　物理防治技术

1. 空间阻断技术

在甜瓜设施栽培大棚膜或裙边安装防虫网（见图 4–4）或加银灰色薄膜，阻止烟粉虱、有翅蚜等害虫飞入，达到防治害虫的目的，同时也可减轻由这些害虫传播的甜瓜病毒病。

图 4–4　大棚裙边防虫网

2. 诱杀趋避技术

利用瓜蚜、美洲斑潜蝇、烟粉虱的趋黄性，采用黄板粘虫进行诱杀，注意定期更换黄板，如图 4–5 所示。

利用瓜蚜对银灰色的驱避性，在甜瓜苗床四周覆盖银灰色薄膜，在瓜田周围悬挂银灰色薄膜，避蚜防传病毒效果好，达到防蚜的目的。利用甜菜夜蛾成虫对光的趋性，采用黑光灯、频振式杀虫灯（见图 4–6）进行诱杀。

图 4-5　黄板粘虫

图 4-6　频振式杀虫灯

利用甜菜夜蛾、斜纹夜蛾成虫对性的趋性，使用性诱剂诱捕器诱杀成虫，如图 4–7 所示。利用斜纹夜蛾成虫的趋化性，制作糖醋液等进行诱杀。

图 4–7　性诱剂诱捕器

4.1.3　农药防治技术

1. 精准选药技术

准确识别甜瓜植株上发生病虫害的种类及为害程度，才能有针对性地选用药剂，从而进行科学的防治决策。

2. 科学施药技术

根据甜瓜病虫害的发生特点，选用相应的施药技术进行防控。例如，防治甜瓜霜霉病时药剂需要喷施到叶片背面，对红蜘蛛应在早期零星点发阶段将药剂喷施到叶片背面，对甜瓜病毒病要通过防治烟粉虱、蚜虫来切断传播病毒的通道等。

3. 安全用药技术

根据《绿色食品 农药合理使用准则》（NY/T 393—2020）规定，严格按照药剂的使用剂量、一季中农药的使用次数、安全间隔期使用农药。

4.2 农药使用技术

4.2.1 农药

农药是指用于预防、消灭或者控制为害农业生产的病、虫、草和其他有害生物，以及有目的地调节植物、昆虫生长的化学合成制剂或者来源于生物、其他天然物质的一种物质或者几种物质的混合物及其制剂。

农药的作用是预防、消灭或者控制为害农业的病、虫（包括昆虫、蜱、螨）、草、鼠、软体动物等有害生物，预防、消灭或者控制仓储病、虫、鼠和其他有害生物，调节植物、昆虫生长。

农药的使用为甜瓜等农作物产量的提高做出了重大贡献，农药是确保农业稳产、丰产不可或缺的重要生产资料。农药的毒性是指农药对高等动物等的毒害作用。所有化学物质当吸入足够量时都是有毒的，化学物质的毒性决定于消化和吸收的量。

农药是有毒的，农药的毒性有急性毒性和慢性毒性之分，按照我国农药急性毒性的分级标准，农药毒性分为剧毒、高毒、中等毒、低毒、微毒五级。

4.2.2　农药的合理使用

在防治农产品病虫害时使用的农药，可能产生的副作用主要包括污染农产品、污染环境、杀伤天敌、病虫害产生抗药性、作物药害、人畜中毒等。

科学合理使用农药是提高病虫害防治效果、节省农药用量、确保农作物增产增收的最经济、最有效的措施。它要求用药量要省、施药质量要高、防治效果要好，对农作物安全、无药害，病虫害不易产生抗药性，对人畜、病虫害天敌及水生动物安全，要经济、安全、有效。

科学合理使用农药的注意事项如下：根据农药的特性对症下药，根据害虫和病害的发生特点适时用药，注意施药的方法、药量以提高施药质量，合理混用和交替使用农药以防止产生抗药性，安全使用农药以防止甜瓜等农作物产生药害和造成人畜中毒。

4.2.3　农药残留

农药使用后残存在生物体内、农副产品和环境中的农药原体、有毒代谢物、降解物和杂质总称农药残留。农药残留是使用农药后的必然现象，残留不可避免，只是残留的时间有长有短，残留的数量有多有少。

近期内只要用药防治过，收获时甜瓜农产品上一定会有农药残留，刚使用农药后的农产品上残留农药浓度是比较高的。残留在农作物上的农药在阳光、雨水、风等自然因素的作用下有一个自动降解的过程。

4.2.4　农药残留的安全间隔期

采收甜瓜以前必须有足够的时间让残留在甜瓜植株上的农药降解。残留农药的浓度下降到标准规定的安全浓度以下时，甜瓜就可以采摘上市。

安全间隔期是指施用农药到农产品中残留农药的浓度降到国家对该农药标准规定最高限量值以下的时间，它是农药安全使用标准中的一部分，也是控制和降低农产品中农药残留量的一项关键性措施。因此可以说农药残留并不可怕，可怕的是农药残留超标。应当注意的是，不同的农药，在不同的地区采用不同的施用方式，不同的环境温度和设施下的降解速度是不一样的，安全间隔期也可能不同。到甜瓜采收时，前期同一农药连续多次使用，农药在农产品上不断积累叠加，安全间隔期应延长；随意缩短用药间隔期，增加使用频次，加大用药量，安全间隔期应延长；大棚内使用农药后，农药分解速度慢，安全间隔期应延长。

大多数农药按照推荐的剂量、施用方法和时间、使用次数，遵照安全间隔期采收，农产品中的农药残留量不易超过国际规定的标准。

4.2.5 影响甜瓜农药残留的因素

影响甜瓜农药残留的因素很多。农药的用量和使用次数上，用量大、浓度高、使用次数多残留多；施用农药后距收获期的时间相距越近，农药残留量越多；自然因素中的温度、日照、风及降雨影响农药降解，从而影响残留量大小。

应清晰地认识到，虽然化学防治是最直接有效的病虫害防治措施，但不是唯一的防治措施，植物病虫害防治常用的防治措施有农业防治、物理（包括机械）防治、生物防治、化学防治等多种手段。

要防止和减少农药在农产品中的残留，就必须做到：遵守农药安全使用规定，严格控制农药使用的范围、次数、浓度、用量；增加农业防治、物理防治、生物防治措施，弄清病虫害种类，对症下药，避免盲目用药和滥用药；科学合理使用农药，选择最佳防治时期用药，既要防止“治虫不见虫、治病不见病”，又要避免错过防治适宜期；选择合理的施药方式，尽量选用生物农药和高效、低毒、低残留农药；严格遵守农药的安全间隔期。

4.2.6 配制不同浓度药液所需要的农药量（见表 4-1）

表 4-1　配制不同浓度药液所需要的农药量

农药稀释倍数	农药量 /mL（g）								
	用水量 1 kg	用水量 2 kg	用水量 3 kg	用水量 4 kg	用水量 5 kg	用水量 10 kg	用水量 20 kg	用水量 30 kg	用水量 40 kg
50	20	40	60	80	100	200	400	600	800
100	10	20	30	40	50	100	200	300	400

续表

农药稀释倍数	农药量 /mL（g）								
	用水量 1 kg	用水量 2 kg	用水量 3 kg	用水量 4 kg	用水量 5 kg	用水量 10 kg	用水量 20 kg	用水量 30 kg	用水量 40 kg
200	5	10	15	20	25	50	100	150	200
300	3.3	6.7	10.0	13.3	17	33	67	100	133
400	2.5	5	7.5	10	12.5	25	50	75	100
500	2	4	6	8	10	20	40	60	80
1 000	1	2	3	4	5	10	20	30	40
2 000	0.5	1	1.5	2	2.5	5	10	15	20
3 000	0.33	0.67	1.00	1.33	1.67	3.33	6.67	10.00	13.33
4 000	0.25	0.5	0.75	1	1.25	2.5	5	7.5	10
5 000	0.2	0.4	0.6	0.8	1	2	4	6	8

例 1：配制 1 喷雾机 1 000 倍液农药（喷雾机容量为 5 kg）

在农药稀释倍数列中查 1 000 倍对应行，在用水量中查 5 kg 的对应列，两者交叉点为 5，即需要配制的农药量为 5 mL（g）。

例 2：配制 1 喷雾机 2 000 倍液农药（喷雾机容量为 12.5 kg）

在农药稀释倍数列中查 2 000 倍对应行，在用水量的目标值中查 10 kg、2 kg、5 kg 的对应列交叉点分别得到 5、1、2.5（0.5 kg 则换算为 0.25），相加得 6.25，即需要配制的农药量为 6.25 mL（g）。

例 3：配制 1 桶 3 000 倍液农药（桶容量为 100 kg）

在农药稀释倍数列中查 3 000 倍对应行，在用水量的目标值中查 10 kg 的对应列交叉点换算后得到 33.3（退了 1 位小数点），即需要配制的农药量为 33.3 mL（g）。

4.2.7　农药残留检测

甜瓜生产过程中，不可避免地会使用农药防治。当使用农药后，农药残留就开始存在，并直至甜瓜采摘时。为了使采摘上市时甜瓜的农药残留处在安全的程度，也就是国家规定的最高限量值之内，需要通过农药残留检测来判断其安全性。

针对蔬果中常用的有机磷类、氨基甲酸酯类、菊酯类等农药，农药残留检测的方法主要有定性定量检测和定性检测。

1. 定性定量检测

蔬菜、瓜果中农药残留定性定量检测的常规方法是色谱法，包括气相色谱法、液相色谱法、气相色谱－质谱法、液相色谱－质谱法等，这些都是国际农产品贸易中公认和通用的方法。定性定量检测对检测室的环境要求高、仪器比较昂贵、检测技术要求高、检测周期比较长，能精准检测出检测范围内使用过的农药品种和残存量（mg/kg）。定性定量检测需要由专业检测机构才能完成，如图 4-8 所示。

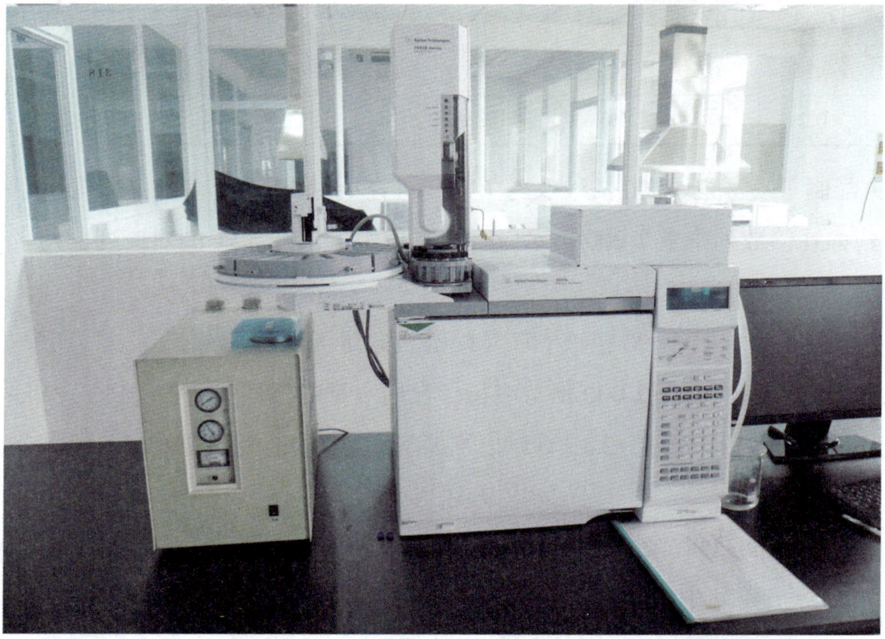

图 4-8　农药残留定性定量检测室

2. 定性检测

定性检测即农药残留快速检测法，简称速测法。农药残留速测法目前应用较多的是酶抑制法。速测法对检测技术和仪器的要求较低，主要检测蔬菜、瓜果中有机磷类和氨基甲酸酯类农药，对检测的定性、定量要求比色谱法低，但检测速度较快，对防止急性中毒有一定的作用，广泛使用于农民合作社、农业企业、农产品配送公司、农贸市场等单位和场所。农药残留快速检测室如图 4–9 所示。

图 4–9　农药残留快速检测室

4.3　甜瓜绿色食品用药要求

4.3.1　有害生物防治原则

甜瓜绿色食品生产中有害生物的防治应遵循以下原则：

1. 以保持和优化农业生态系统为基础，构建有利于各类天敌繁衍和不利于病虫草害滋生的环境条件，提高生物多样性，维持农业生态系统平衡。

2. 优先采用农业措施，如选用甜瓜抗病虫或耐病虫品种、种子种苗检疫、培育壮苗、加强栽培管理、中耕除草、耕翻晒垡、清洁田园、轮作、间作套种等。

3. 利用物理和生物措施，如用灯光、色彩、性诱剂等诱杀害虫，机械捕捉或去除害虫，释放害虫天敌，机械或人工除草等。

4.3.2 甜瓜农药使用规范

按照农药产品标签以及《绿色食品 农药合理使用准则》（NY/T 393—2020）和《农药贮运、销售和使用的防毒规程》（GB 12475—2006）的规定使用甜瓜农药，控制施药剂量（或浓度）、施药次数和安全间隔期。

所选用的农药应符合相关的法律法规，并获得国家农药登记许可。应选择对主要防治对象有效的低风险农药品种，提倡兼治和不同作用机理农药交替使用。在主要防治对象的防治适期，根据有害生物的发生特点和农药特性，选择适当的喷雾、熏烟、浇根等施药方式，但不宜采用喷粉等风险较大的施药方式。

甜瓜 AA 级绿色食品生产应按照《绿色食品生产允许使用的农药和其他植保产品清单》的相应规定，选用植物和动物来源、微生物来源、生物化学产物、矿物来源的农药及其他植物保护产品。

甜瓜 A 级绿色食品生产应按照《绿色食品生产允许使用的农药和其他植保产品清单》的相应规定，优先选用 AA 级农药，在 AA 级所列农药不能满足有害生物防治需要时再选用 A 级扩充的农药。

4.3.3 甜瓜绿色食品农药残留要求

甜瓜绿色食品生产应按照《绿色食品 农药使用准则》（NY/T 393—2020）和《农药贮运、销售和使用的防毒规程》（GB 12475—2006）的规定使用农药。甜瓜绿色食品生产中允许使用的农药，其残留量应低于《食品安全国家标准 食品中农药最大残留限量》（GB 2763—2021）的要求。

在环境中长期残留的国家明令禁用农药其再残留量和其他农药的残留量均应符合《食品安全国家标准 食品中农药最大残留限量》（GB 2763—2021）的要求。